现代农业新技术系列科普动漫丛书

种苜蓿养牛羊

韩贵清　主编

中国农业出版社

本 书 编 委 会

前　言

　　黑龙江省农业科学院秉承"论文写在大地上，成果留在农民家"的创新理念，转变科研发展方式，成功开创了融科技创新、成果转化和服务"三农"为一体的科技引领现代农业发展之路。

　　为了进一步提高农业科技知识的普及效率，针对目前农业生产与科技文化需求，创新科普形式，将科技与文化相融合，编创了以东北民俗文化为背景的《现代农业新技术系列科普动漫丛书》。本书为丛书之一，采用图文并茂的动画形式，运用写实、夸张、卡通、拟人手段，融合小品、二人转、快板书、顺口溜的语言形式，图解苜蓿最新栽培技术。力求做到农民喜欢看、看得懂、学得会、用得上，以实现科普作品的人性化、图片化和口袋化。

编　者

2016年1月

勇哥一家的家庭农场养了几十头奶牛，还包了一大片地。原本小日子过得还算红火，可最近却碰到了烦心事。眼看着家里的奶牛天天喂精饲料，产奶量也高，偏偏就是配不上种。刚好黑龙江省农业科学院的专家小农科到村里进行科技服务，勇哥这下看到了希望……

主要人物

家庭牧场主
勇哥

省农科院专家
小农科

勇哥表弟
大鹏

二叔

羊妹子

牛哥

　　为了搞好自家的养殖场，才刚刚入秋，勇哥就跟着小农科来到一家中型奶牛养殖场"取经"。眼见着七八辆载满苜蓿草捆的大货车呼啸着驶入牛场大门，勇哥不禁惊讶地张大了嘴巴。

这洋饲料，一定好吃！

小农科与勇哥的对话被躲在一旁的羊妹子听了去，这个"贪吃鬼"不由得在心里打起了小算盘……

　　漆黑的夜晚，奶牛场里传出一阵窸窸窣窣的咀嚼声。闻声赶来的牛哥意外地发现一个埋头苦战的小背影。正在偷吃的羊妹子，就这样被逮了个正着。

牛哥生气地上前阻止偷吃苜蓿的羊妹子，可这小妮子却趁机抓起一大把草拼命地往嘴里塞。

牛哥告诉羊妹子："这紫花苜蓿是漂洋过海的进口货，成本特别高，只给产奶的牛吃，自己都没捞上一口呢。"

一听紫花苜蓿有这么多好处，羊妹子吃得更欢了，气得牛哥追着羊妹子满院子跑。

　　夜幕降临，由于自家奶牛最近配种接连失败，二叔、勇哥和大鹏三人凑在一块儿商量对策。大鹏实在想不通，"为啥给牛喂了这么多精饲料，产奶量也挺高，怎么就总也配不上呢？"勇哥告诉他："这问题就出在精饲料上。"

多吃精料产奶高，日渐肥胖身体夯。
机能失调提前老，不孕奶牛淘汰早。

原来，如果奶牛只吃精料，不但会造成身体肥胖，不孕不育等疾病也会随之而来，奶牛只能提前报废。

　　大鹏一直担心精料少了，牛奶质量会不达标。勇哥问大鹏知不知道苜蓿，二叔这个养了一辈子牛的老把式连忙说："那玩意儿又嫩又香，牲口最爱吃了。"

专家说啦，最好的解决办法，就是少喂点精料，用紫花苜蓿代替。

　　原来，勇哥已经请农业科学院的专家看过了家里的牛。专家告诉他，配种失败是饲料配比不合理、营养不平衡造成的。

高蛋白，多钙镁，矿物质真丰富，营养又平衡。吸收好，转化快，消化率特别高，娃好娘欢笑。

　　一想到吃了紫花苜蓿的奶牛不但身材苗条了，还能顺利生育"宝宝"，叔侄三人都松了一口气。

可是，一想到进口苜蓿居高不下的成本，大鹏又犯起了嘀咕。勇哥却信心十足地表示，自己要种苜蓿。

　　见叔侄俩还是将信将疑，勇哥又把小农科说的话重复了一遍。原来，苜蓿根特别发达，能使土壤更通透，肥、水不易流失。而且，根瘤有固氮能力，能提高土壤中氮和有机质的含量，活化微生物群，土壤也就活起来啦！

　　勇哥还告诉他们："苜蓿是多年生的，种下去，五六年这土地都不用动了。"大鹏恍然大悟："这么说我就明白了。"二叔也鼓励勇哥放心去干。

测土配方整土地，秋天正是好时机。
土壤酸碱要合理，pH6.5~8.0最得力。
有机肥做底肥，磷肥用量要适宜。
深耕打破犁底层，土壤深松35厘米。

600~1 000千克/公顷

　　有了大家的支持，勇哥决心要干出点名堂。在播种前，他下大工夫整地、施肥，每天哼着小曲儿，起早贪黑地铆足了干劲儿。

再说说我们的"贪吃鬼"——羊妹子。冰天雪地里,饥肠辘辘的羊妹子捧着雪花,想起美味的苜蓿,伤心地哭了起来。这时,奇迹发生了,小雪花居然变成了鲜美可口的苜蓿。羊妹子高兴地跳了起来,顾不上多想,就津津有味地吃了起来。

很快，苜蓿就被羊妹子吃得只剩下最后一颗了。就在羊妹子意犹未尽地抱着最后一颗草喃喃自语的时候，怀里的草居然又变回了苜蓿芽，还开口说话了，这可把羊妹子吓了一跳。

　　苜蓿芽告诉羊妹子，苜蓿是深根型植物，扎根能有1~2米深呢。最怕遇到土质硬的地块，根下不去。所以，耕翻要足够深。根系入土深，抗旱能力才能强，苜蓿长得才能好。

　　羊妹子得知小小的苜蓿芽进了土居然这么霸气，十分佩服。可是，苜蓿芽却大哭起来。原来，苜蓿芽也有烦恼，他的好多兄弟姐妹，播进地里还来不及出苗就挂了。

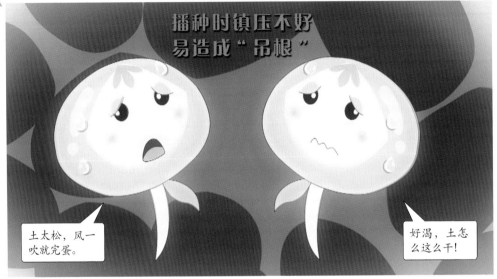

播种时镇压不好，土壤太松、有空隙，太阳一晒，风一吹，地表会很快变干，容易造成"吊根"。

覆土要均匀，浅了容易芽干，深了又不易出苗。

听了苜蓿芽的遭遇，羊妹子才知道原来播种这么重要。

转眼进入早春4月，在农机社的院子里，大鹏正按照小农科的要求调试播种机。大鹏趁机请教小农科："是不是播种不好，种子就特别容易'吊根'？"小农科告诉他："那是在播前、播后，没做好土壤镇压。"

　　小农科告诉大鹏："镇压过的土壤细碎、平整，种子和土壤接触紧密，吸水好，就不会'吊根'了。"

一阵摩托车声传来，勇哥从外面进来，车后面还放着一袋根瘤菌剂。小农科告诉俩兄弟，根瘤能固氮，就不用拼命施氮肥了。既省钱还能少干活儿，并嘱咐他们要在播种当天用根瘤菌剂给苜蓿种子拌种，随拌随播。

　　播种的日子到了，根瘤菌高兴地告诉苜蓿种子："一个根瘤就是一个'氮肥加工厂'。他能把空气中的氮转化成你能吸收的营养，同时土壤含氮量也增加了，既改土又肥田。你美了，田也养肥了。"两个好朋友亲密地抱在一起。

首蓿播种，土地要平整、坚硬。上层土壤疏松，播前镇压。双脚踩上去，脚印深度以不超过0.5厘米为宜。

0.5厘米

小农科带着村民们在地头做播种前的最后准备。只见他在镇压后的土地上走了两步，并指着留下的脚印说："你们看，双脚踩上去，脚印深度不超过0.5厘米，就合格了。"

小农科见前期准备充分，土壤墒情也不错，又询问起种子有没有准备好。大鹏让他放心，如今万事俱备，就等着第二天播种了。

亩最佳播种量 1.0~1.5 千克
行距保持 15~30 厘米为宜

　　第二天一大早，搅拌机运转的轰鸣声就打破了村庄的宁静。播种机在地里一趟趟来回工作，村民们甩开膀子干得可起劲儿了。

随着天气转暖，苜蓿芽开始长根，并努力地想顶出地面。然而，杂草也在疯长，一个个露出得意的狞笑。关键时刻，幸好有除草剂帮忙，待喷雾散去，杂草消失，苜蓿芽继续向上长，终于破土而出。

　　长出地面的苜蓿苗已经展开了三片复叶，虽然还很矮小，但地下的根已经有地上苗高的好几倍。然而，杂草又跑出来抢地盘了，还是除草剂救了苜蓿苗。

播下去两个来月了，割草早点好还是晚点好呢？

第一茬草不能太早了。

夏天来了，苜蓿已经长高，地里一片绿油油，已经有了现蕾的小花苞，甚是喜人。小农科也说草长得很不错，并叮嘱勇哥他们："第一茬草不能太早收割。"

刚开始现蕾，营养最好啦，可别等到开花再割，嚼不动还没营养。

入冬前还能好好地吃一顿。

　　如果地力、肥力等各方面条件都好的，通常播后六七十天能现蕾，一现蕾就该割了；这种情况下，再过六七十天能割第二茬。要在霜前二三十天割，有助于顺利越冬。

　　勇哥问小农科是不是春天墒情不好,播得晚就收不了第二茬。小农科告诉他，能割几茬要看长的情况。如果播得太晚长得又不好,可能当年一茬也收不了。

　　"照这意思，今年俺家收两茬一点问题都没有。"大鹏掰着手指头盘算起来。小农科笑着对他说："苜蓿收割必须看天气，得五到七天内没有大雨。不然，割倒后再被雨一沤，就腐烂发霉了。"

正说着话，小农科的电话响了，原来是天气提醒，预报显示未来七天晴。这可是老天爷赏脸，一周内没有雨，得抓紧收割别耽误。

　　事情都交待完，小农科终于可以放心地离开了。勇哥也计划好了，准备第二天就带领大家割头茬草。

可是小农科刚走远，大鹏他们就开始劝勇哥等草长高点再收割，还能多打点草。勇哥犹豫了半天，禁不住大家伙儿一再鼓动，最终还是答应了。

留茬 5 厘米左右

翻晒到水含量 20% 以下再打捆

　　终于到了割头茬草的日子，从割草、翻晒、打捆到最后装车，勇哥都全程参与，丝毫不敢怠慢。

勇哥细心地叮嘱大家，苜蓿堆垛后一定要苫盖好，再把地里拾掇干净，防止下雨草茬子腐烂。

　　勇哥拉住大鹏："一会儿咱们把多出来的，装车送到县里那家大奶牛场，他们答应收了"。大鹏惊喜道："咱这草能卖多少钱？""我寻思，能值个一两头小牛吧！"勇哥看着旁边的草捆喜滋滋地说，兄弟俩都满怀希望。

为奶牛生产的苜蓿干草
收获期为现蕾期
此时粗蛋白质含量大于20%

那奶牛场坑咱，多开几朵花，价格怎么能低这么多呢！

人家说，一开花营养就差了。晚收三五天，价格低了两三成。这买卖做的，亏大发了。

到了晚上，勇哥俩兄弟唉声叹气地凑在一起喝闷酒。看这愁容满面的样子，就知道一准是在大奶牛场碰了一鼻子灰。

第二天，无计可施的勇哥只好硬着头皮给小农科打电话求助。

　　小农科告诉勇哥："头一年不应该追求多产草，二茬草的产量也不会太高。主要的任务是让草扎好根，只有植株壮实了，才能安全越冬，给后几年打好基础。产草量最高是在第二年、第三年。"勇哥暗自下定决心，下次一定要吸取教训。

　　这卖出去的草还是小头，给自家牛吃的才是大头。这不，家里的奶牛已经开始"发脾气"了。其实，只要每天每头牛加3千克优质干苜蓿，减少1.5千克精料，就能每天多产奶1.5千克，原奶质量还能提高一个等级，乳蛋白和乳脂率都能提高，奶牛还不爱生病。

入冬前，有了上一次的教训，勇哥早早算准了割草时间，顺利完成了收获。

白天 3~5℃
晚上 -3~-5℃时浇封冻水

封冻水能防冻害，墒情差返青水要早点浇。

春天刚开化的
冻融交替时节灌返青水

返青好活力旺盛，产量质量才能高。

冬去春来，冰雪消融，黑色土地上依旧留着头年黄色草茬子，但里面已经冒出一个个新的绿芽。

初夏的阳光洒在绿油油的苜蓿地里，收割机正在割草。小农科随手抓起一把打着小花苞的草仔细端详，满意地对勇哥点点头。

　　小苜蓿种子本来拿了张纸很投入地在研究，结果被突然冒出来的氮、磷、钾一把给抢了过去。

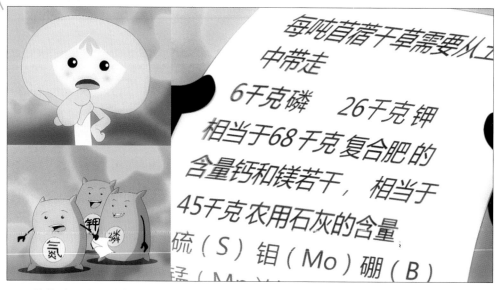

每吨苜蓿干草需要从工中带走

6千克磷　26千克钾

相当于68千克复合肥的含量钙和镁若干，相当于45千克农用石灰的含量

硫（S）钼（Mo）硼（B）

苜蓿种子告诉他们："我刚研究明白，我们苜蓿对营养元素的需求和别的作物不一样，要测土施肥，按照配方缺啥补啥。除了磷、钾，钙、镁的消耗也很大。"

秋施钙、镁，能防止土壤酸化。

　　苜蓿种子把小农科给的施肥配方交到磷、钾手上，下命令道："这一茬只有磷、钾你俩上，秋季那一茬收割后，再叫上钙、镁，你们四个一块上。"俩兄弟接了任务，高兴地走了。

眼看着磷、钾都领到了任务，氮在一旁着急了。当得知苜蓿第二年不再需要施氮肥，自己已经失业了，不禁伤心地哭了起来。

眼瞅着苜蓿就该收割了，可自打进入雨季，一连好多天都没放晴，又偏偏在这个时候发现了大斑病，勇哥兄弟俩都急坏了。

　　兄弟俩的对话，全被躲在一边的羊妹子听到了。于是，贪吃的羊妹子只好铤而走险，跑到外面的大养殖场偷吃。可她的运气实在不好，又被牛哥逮了个正着。

　　牛哥生气地质问羊妹子,明明自己村里种了苜蓿,为啥还大老远跑来偷吃。羊妹子告诉他:"村里的苜蓿生病得打药。"牛哥也紧张地说:"打了药的草有毒,一下子就能检测出来,白给都没人收。"但还是毫不客气地把羊妹子请出了养殖场。

羊妹子气鼓鼓地回到村里，却发现收割机正在割草，唬得她一屁股坐在了地上。

夏天高温多雨，这种情况特别容易碰到。

　　勇哥搂着小农科肩膀，亲热地说："你这招太好了！提前收割，把草运出去再打药。眼瞅着三两天就要收获，偏偏这个时候发现病虫害苗头，昨天我可糟心了！"

产量对比

营养价值对比

小农科告诉大家，现在的苜蓿产量比现蕾期稍微差点，但是营养价值可比开花以后要好很多。另外，这第二年的草，根部壮实营养好，管理好能割三茬呢。

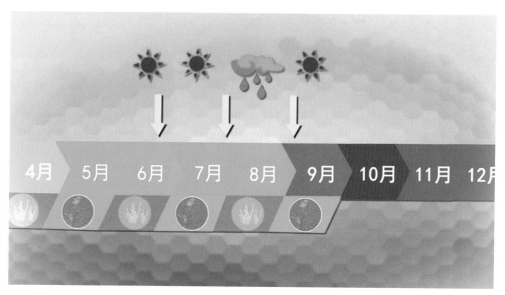

　　第一茬可以适当早割，过40天左右割第二茬，第三茬在9月上旬，这样基本可以避开多雨的8月。

经验有了，产草量也上来了。

今年牛都配上种了，还有七八头新下的小母牛，不多整点草不够吃啦!

　　勇哥信心十足地说："过了这个坎儿，后几年只管收草，没啥怕的了。"二叔也表示，家里还有几片地，明年也都给种上苜蓿。

　　小农科告诉二叔，现在国家和省里都有针对畜牧业的扶持政策，大力提倡种养一体化、草畜一体化。家庭农场种草、养殖兼顾，是个特别好的发展方向。

听了小农科的话，二叔更高兴了，说这是天时地利人和，还要把在外打工的孩子们都叫回来，一起干牧场。

　　见大伙都在兴头上,勇哥神秘地掏出一张图纸说: "快看看，我这还有好东西呢！"大家都好奇地凑了上去。

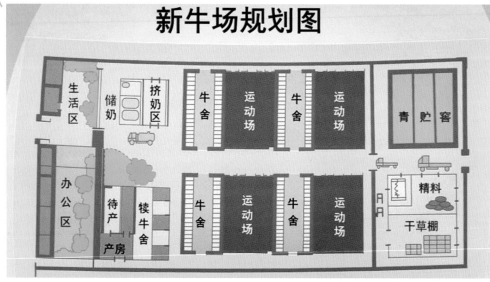

新牛场规划图

原来是勇哥打算把奶牛场升级换代，专门请人做的规划图。而且，第一步就打算扩建干草棚。

　　转眼到了第二年6月，刚刚打下来的新草整齐地码放在新扩建的钢架干草棚里。羊妹子吃得可欢了，以后再也不用去别人的牛场偷吃。这种苜蓿养牛羊的办法，让农场真正兴旺起来了。

图书在版编目(CIP)数据

种苜蓿养牛羊 / 韩贵清主编. —北京：中国农业
出版社，2016.7
　（现代农业新技术系列科普动漫丛书）
　ISBN 978-7-109-21846-8

Ⅰ. ①种… Ⅱ. ①韩… Ⅲ. ①紫花苜蓿—栽培技术②
养牛学③羊—饲养管理 Ⅳ. ①S551②S823③S826

中国版本图书馆CIP数据核字(2016)第148703号

中国农业出版社出版
（北京市朝阳区麦子店街 18号楼）
（邮政编码 100125）
责任编辑　刘伟　杨桂华

中国农业出版社印刷厂印刷　　新华书店北京发行所发行
2016年9月第1版　　2016年9月北京第1次印刷

开本：787mm×1092mm　1/32　印张：2.25
字数：60千字
定价：18.00元
（凡本版图书出现印刷、装订错误，请向出版社发行部调换）